PUBLICATIONS

DE

CHIMIE GÉNÉRALE

PAR

M. E. FREMY

Directeur du Muséum, Membre de l'Institut.

—

1834-1890

—

PARIS

IMPRIMERIE C. MARPON ET E. FLAMMARION

26, RUE RACINE, 26

—

1890

PUBLICATIONS

DE

CHIMIE GÉNÉRALE

PUBLICATIONS

DE

CHIMIE GÉNÉRALE

PAR

M. E. FREMY

Directeur du Muséum, Membre de l'Institut.

———

1834-1890

———

PARIS

IMPRIMERIE C. MARPON ET E. FLAMMARION

26, RUE RACINE, 26

—

1890

PUBLICATIONS

DE

CHIMIE GÉNÉRALE

—

Les publications chimiques tendent aujourd'hui à se spécialiser.

J'ai pensé qu'après un enseignement de chimie générale qui s'est prolongé pendant plus de cinquante années, soit à l'École polytechnique, soit au Muséum d'histoire naturelle, il me serait permis de résumer les recherches que j'ai publiées sur cette partie de la science.

Les questions que j'ai traitées portent sur la chimie minérale, la chimie organique, la chimie industrielle sur les applications de la chimie à la physiologie végétale ou animale et sur l'enseignement scientifique.

—

CHIMIE MINÉRALE

—

I. — Acide ferrique et ferrates.

Ce nouveau composé oxygéné du fer avait été cherché inutilement par un grand nombre de chimistes : il est venu compléter l'analogie qui existe entre le fer, le manganèse et le chrome.

J'ai obtenu le ferrate de potasse soit en attaquant, au rouge blanc, le fer par le nitre, soit en faisant passer du chlore dans une dissolution de potasse qui tient en suspension de l'hydrate de peroxyde de fer.

Lorsque j'ai annoncé cette découverte à l'Académie, j'étais encore jeune : aussi plusieurs chimistes français et étrangers ont-ils déclaré que je m'étais trompé et que j'avais pris le permanganate de potasse pour un ferrate de potasse.

Ma découverte fut bientôt confirmée et admise par tous les chimistes; elle a contribué beaucoup à ma nomination à l'Institut.

II. — Étude sur l'acide stannique et sur l'acide métastannique.

Ce travail est une de mes premières publications sur la polyatomicité des acides métalliques.

C'est en démontrant que les acides stanniques et métastannique n'ont pas la même capacité de saturation, que j'ai expliqué les différences que ces acides présentent dans leur rapport avec les bases.

J'ai étendu ces idées de polyatomicité à un grand nombre d'acides métalliques en démontrant que des phénomènes qu'on attribuait à l'isomérie étaient dus à des différences dans l'atomicité des acides.

III. — Recherches sur les acides antimonique et métaantimonique.

Ce mémoire est le pendant de mon travail précédent sur les acides métalliques formés par l'étain.

J'ai découvert d'abord un nouvel acide métallique de l'antimoine que j'ai nommé *acide métaantimonique.*

J'ai démontré ensuite, comme je l'avais fait pour l'étain, que l'antimoine peut former deux acides métalliques qui ont la même composition, mais qui diffèrent entre eux par leur capacité de saturation.

J'ai établi également que, dans les sels formés par les acides de l'antimoine, l'eau joue un rôle basique, comme dans les phosphates.

IV. — Découverte d'un nouveau réactif des sels de soude.

En étudiant les caractères des antimoniates et ceux des métaantimoniates, j'ai découvert un réactif bien précieux en analyse, qui précipite les sels de soude; c'est le sel que j'ai nommé métaantimoniate de potasse.

Ce réactif forme dans toutes les dissolutions, même très étendues de sels de soude, un précipité cristallin de méta-antimoniate de soude.

V. — Découverte des plombates cristallisés.
Acide plombique.

Avant la publication de ce travail sur l'acide plombique, les chimistes considéraient le peroxyde de plomb comme un oxyde indifférent qu'ils désignaient sous le nom d'*oxyde puce de plomb*.

J'ai démontré l'acidité de ce corps en le combinant aux bases telles que la potasse et la soude et en obtenant ces sels cristallisés et bien définis dont j'ai déterminé les propriétés et la composition.

J'ai remplacé alors le nom d'oxyde puce de plomb par celui d'*acide plombique*, qui est adopté aujourd'hui par tous les chimistes.

VI. — Recherches générales sur les acides métalliques.

J'ai publié une série de recherches sur les acides métalliques dans le but d'établir que ces corps sont beaucoup plus nombreux qu'on ne le pensait avant moi.

Il résulte de mes observations que des oxydes considérés comme indifférents ou comme basiques, prennent le caractère acide quand on fait agir leur hydrate sur des bases énergiques.

C'est dans ce mémoire que j'ai étudié les zincates, les stannites, les bismuthates, les cuivrates, etc.

Ces recherches générales sur les acides métalliques ont donc eu pour résultat de démontrer dans quelles conditions les oxydes fonctionnent comme acides.

VII. — Aluminate de potasse cristallisé.

Pour établir nettement le caractère acide de l'*acide aluminique*, j'ai décrit l'aluminate de potasse cristallisé dont j'ai déterminé les propriétés et la composition.

VIII. — États allotropiques et cristallins des oxydes métalliques.

J'ai découvert une méthode générale qui permet d'obtenir un même oxyde métallique sous des états allotropiques différents.

Ce procédé consiste à combiner à la potasse ou à la soude des oxydes qui doivent leurs propriétés acides à l'eau d'hydratation qu'ils contiennent.

En portant à l'ébullition les dissolutions alcalines de ces acides hydratés, le sel se décompose, l'oxyde devenu anhydre perd son acidité et se dépose sous des états allotropiques différents.

J'ai obtenu ainsi plusieurs états isomériques des oxydes d'étain, de plomb, de zinc, de cuivre en faisant bouillir les stannites et les plombites, les zincates et les cuivrates alcalins avec un excès d'alcali ou même avec des sels alcalins. Cette décomposition des hydrates d'oxydes, sous l'in-

fluence des dissolutions salines, est un fait de chimie générale qui me paraît d'un grand intérêt.

IX. — Influence de l'eau sur la constitution de certains sels.

Ce travail a eu pour but de démontrer que, dans des cas
assez nombreux, un sel n'est pas seulement un composé
binaire formé par l'union d'une base avec un acide, mais
qu'il devient un composé ternaire formé d'acide, de base
et d'eau.

Lorsqu'on élimine l'eau de ce sel ternaire, il se décompose et l'acide se sépare de la base.

J'ai montré ces expériences à Mitscherlich, qui a bien
voulu me dire qu'il les considérait comme étant de première importance.

Mais cette constitution ternaire des sels ne s'observe
que dans les cas où l'acide est faible et doit probablement
son acidité à l'eau d'hydratation de l'oxyde.

J'ai constaté la décomposition d'un sel par sa déshydratation, dans des composés tels que les stannates, les stannites, les zincates, les plombates, les plombites, les antimoniates, les métaantimoniates, dans certains phosphates,
dans les aluminates et quelques silicates.

X. — Recherches sur la constitution des acides métalliques.

Les chimistes d'une *École dite moderne*, voulant combattre, bien à tort, les admirables théories de Lavoisier et
donner une extension exagérée aux observations qui ont
été faites sur l'influence de l'eau dans certains sels, ont
soutenu que lorsqu'un acide perdait son eau et qu'il deve-
nait anhydre, il n'était plus acide : ils ont donné aux
acides déshydratés le nom d'*anhydrides*.

Le but de cette théorie était de soutenir qu'un sel n'était

pas une combinaison d'acide et de base, mais une substitution de l'hydrogène de l'acide par un métal.

Je crois avoir démontré que cette théorie devait être absolument rejetée, en citant les milliers de sels qui sont produits par la combinaison des acides anhydres avec des bases anhydres, tels que les carbonates, les silicates, les borates, les aluminates, les stannates, etc.

Dans tous ces cas, l'acide étant anhydre, le phénomène de substitution n'a pas lieu; c'est donc bien l'acide anhydre qui s'unit à la base anhydre, comme le veut la théorie de Lavoisier.

XI. — Action du chlore sur le chromate de potasse.

J'ai décrit dans ce mémoire un mode nouveau de préparation de l'oxyde de chrome pur et cristallisé.

XII. — Découverte d'une nouvelle série de sels que j'ai nommés « Sulfazotés », qui sont formés d'oxygène, d'azote, d'hydrogène et de soufre.

Je considère ce travail comme le plus intéressant de ceux que j'ai publiés sur la chimie minérale.

J'ai obtenu cette classe nouvelle de composés chimiques en faisant agir les sulfites sur les azotites alcalins.

Il se forme, dans ce cas, toute une série d'acides qui, en raison de leurs réactions et de la mobilité de leurs éléments, peuvent être considérés comme des corps organiques sans carbone.

Les corps sulfazotés viennent se placer entre la chimie minérale et la chimie organique. Leurs éléments se trouvent dissimulés comme cela se présente dans les molécules organiques.

L'acide azoteux qui est intervenu dans leur formation, se change, sous les influences les plus faibles, en ammoniaque.

J'ai consacré plusieurs années à l'étude des acides sulf-azotés; mais je suis loin d'avoir épuisé la question et je suis persuadé que les chimistes, qui voudront bien s'engager dans la voie que j'ai ouverte, découvriront des faits de la plus haute importance.

Lorsqu'on réunit, en présence d'une base, deux ou plusieurs acides qui se décomposent mutuellement, on produit des sels comparables aux sels sulfazotés que j'ai découverts.

XIII. — Action des peroxydes alcalins sur les oxydes métalliques.

J'ai démontré, dans ce travail, tout le parti que l'on pouvait tirer des peroxydes alcalins pour produire des oxydes suroxygénés qui forment alors des acides métalliques nouveaux.

C'est ainsi que j'ai obtenu les combinaisons des alcalis avec les acides ferrique, cuivrique, cobaltique, etc.

XIV. — Recherches sur les Fluorures. — Leur décomposition par la pile. — Isolement du Fluor.

Ce travail qui m'a occupé pendant longtemps présentait de grandes difficultés ; il m'a conduit à des résultats intéressants.

J'ai essayé d'abord, sans succès, d'obtenir le fluor en décomposant, par la chaleur, les fluorures de mercure d'argent, d'or et de platine.

J'ai été plus heureux en soumettant des fluorures fusibles et anhydres, tels que le fluorure de calcium, à l'action de la pile.

En décomposant par un courant électrique du fluorure de calcium fondu au feu de forge, j'ai obtenu un corps qui attaquait le platine et qui ne pouvait être que le fluor.

Il restait, dans le fluorure de calcium employé en excès,

du platine en éponge, résultant de la décomposition du fluorure de platine.

J'ai obtenu le même résultat en décomposant le fluorure de potassium par l'électricité.

J'ai donc isolé le fluor.

Dans ce travail, j'ai découvert plusieurs faits qui intéressent l'histoire du fluor.

Je citerai ici la découverte de l'acide fluorhydrique anhydre que j'ai obtenu en calcinant le fluorhydrate de fluorure de potassium.

C'est cet acide fluorhydrique anhydre, que j'avais découvert, qui a permis à M. Moissan d'isoler le fluor en décomposant, par l'électricité, l'acide fluorhydrique anhydre refroidi à — 30°.

M. Moissan, qui a été un de mes élèves du Muséum, a constaté que le fluor provenant de la décomposition de l'acide fluorhyrique faisait brûler le silicium, l'arsenic, le phosphore et enflammait les corps organiques : il a complété l'histoire du fluor dans une série de mémoires très intéressants.

J'ai été le premier à déclarer, devant l'Académie, que mon travail sur le fluor avait peut-être facilité les recherches de M. Moissan, mais qu'il n'enlevait rien au mérite de ce jeune chimiste, qui avait fait une des plus belles découvertes de la chimie minérale.

Debray ayant à faire, au nom de la section de chimie, le rapport sur le mémoire de M. Moissan, a déclaré nettement que j'avais été le premier à isoler le fluor en décomposant les fluorures par l'électricité.

XV. — Découverte d'une nouvelle classe de sulfures décomposables par l'eau, tels que les sulfures de silicium, de bore, d'aluminium, de magnésium, de glicinium, etc.

J'ai fait connaître, dans ce travail, une méthode générale et nouvelle qui permet de préparer tous les sulfures décomposables par l'eau, qui ne peuvent pas, par conséquent, être obtenus par voie humide.

Ce procédé consiste à faire passer, au rouge, la vapeur de sulfure de carbone sur un mélange d'oxyde et de charbon.

Ces nouveaux sulfures, qui étaient à peine connus avant moi, ne sont pas seulement intéressants au point de vue chimique, ils peuvent présenter une importance géologique.

En admettant, en effet, leur existence dans certains terrains, ils se décomposent sous l'influence de l'eau, dégagent de l'acide sulfhydrique et rendent compte ainsi de la production de certaines sources sulfureuses.

Le sulfure de silicium, en se décomposant dans l'eau, produit un silice allotropique, soluble dans l'eau, qui peut expliquer certains phénomènes de silicatisation.

XVI. — Recherches sur le cobalt. — Découverte d'un grand nombre de bases doubles que j'ai nommées ammoniaco-cobaltiques.

Ce travail a ouvert une voie nouvelle aux recherches de chimie minérale; il a déterminé la publication d'un grand nombre de recherches en France et à l'étranger.

L'idée originale de ce travail a été de démontrer que les oxydes de cobalt, en s'oxydant à l'air, sous l'influence de l'ammoniaque, peuvent former plusieurs séries de bases composées d'azote, d'hydrogène, d'oxygène et de cobalt, dont les propriétés varient avec le degré d'oxydation du métal.

Dans ces nouvelles bases ammoniaco-métalliques, les caractères du cobalt se trouvent dissimulés comme ceux du carbone dans les molécules organiques.

Ces composés établissent donc, comme les corps sulfazotés, une sorte de transition entre la chimie minérale et la chimie organique.

Me préoccupant, dans ces longues recherches, plutôt de

l'étude des faits nouveaux que de leur interprétation théorique, qui est toujours douteuse; j'ai décrit avec soin les corps que j'avais découverts, sans chercher à fixer le mode de constitution des éléments qui composent les bases ammoniaco-cobaltiques.

Cette réserve, qui m'avait toujours été conseillée par mon illustre maître Gay-Lussac, a été exploitée contre moi, surtout par des chimistes étrangers, qui ont cherché à m'enlever mes découvertes sur les bases ammoniaco-cobaltiques en me reprochant de ne pas avoir donné la constitution moléculaire des corps que j'avais découverts.

Ils ont même été jusqu'à changer les noms que j'avais donnés aux nouvelles bases ammoniaco-cobaltiques : de cette façon, mon travail disparaissait des archives de la science.

Ce fait regrettable m'a été utile, car il a été signalé à l'Académie par le rapporteur de la section de chimie qui, au moment de mon élection, a rappelé mes titres avec beaucoup trop d'éloges, en signalant surtout mon travail sur les nouvelles bases ammoniaco-cobaltiques que j'avais découvertes.

XVII. — Découverte d'une base ammoniaco-chromique.

Ce mémoire est une extension, au chrome, des faits que j'avais découverts sur le cobalt.

J'ai obtenu ainsi une base ammoniaco-chromique très intéressante.

Le fait capital de ce travail est d'avoir démontré que les états allotropiques d'un oxyde métallique peuvent exercer de l'influence sur la production des bases ammoniaco-métalliques.

En effet, lorsqu'on met de l'oxyde de chrome vert en rapport avec de l'ammoniaque, il ne se forme pas de base ammoniaco-chromique.

Mais quand on opère avec un hydrate allotropique d'oxyde de chrome de couleur violette que j'ai désigné sous le nom d'*oxyde métachromique*, l'ammoniaque dissout rapidement cette variété d'oxyde de chrome en produisant une belle liqueur rose : il se forme dans ce cas des sels rouges dans lesquels une base composée de chrome, d'oxygène, d'hydrogène et d'azote est combinée aux différents acides.

Dans ces nouveaux sels ammoniaco-chromiques, les éléments de la nouvelle base sont dissimulés comme dans les sels ammoniaco-cobaltiques.

XVIII. — Recherches sur les silicates et sur la polyatomicité de l'acide silicique.

J'ai appliqué à l'acide silicique les recherches que j'avais faites sur les acides stannique et antimonique.

Il résulte de mes observations que l'atomicité et les propriétés de l'acide silicique varient avec son mode de préparation.

Il existe donc plusieurs états isomériques de l'acide silicique.

Ce travail, qui m'occupe depuis plusieurs années, n'est pas encore terminé.

En étudiant les états isomériques de l'acide silicique, j'espérais toujours trouver une variété qui pourrait expliquer la cristallisation de la silice par voie humide, c'est-à-dire la formation du quartz.

Des chimistes éminents ont, dans leurs essais, obtenu souvent de la silice cristallisée : ce fait est certainement d'un grand intérêt, mais il n'a pas encore éclairci cette grande question de la cristallisation du quartz par voie humide, qui, dans la nature, se produit sur une si grande échelle.

XIX. — Recherches sur l'ozone.

Lorsque j'ai entrepris ce travail en collaboration avec mon confrère et ami, M. Edmond Becquerel, la nature de l'ozone était absolument inconnue, comme le prouve la dénomination qui lui a été donnée par Schönbein. On considérait ce corps soit comme une sorte d'eau oxygénée, soit comme une combinaison nouvelle d'azote et d'oxygène.

Pour éclaircir cette question, nous avons institué une série d'expériences longues et difficiles, à la fois chimiques et physiques, qui devaient établir la constitution réelle de l'ozone, en passant en revue toutes les hypothèses qui avaient été émises sur la constitution de ce corps si remarquable.

Il est résulté de nos recherches que l'ozone était une modification allotropique de l'oxygène, comparable aux états allotropiques du phosphore, du soufre, du carbone, du silicium, etc.

Nous avons proposé alors de donner à l'ozone le nom d'*oxygène électrisé*, parce que c'est en électrisant l'oxygène qu'on obtient le plus facilement l'ozone.

Pour démontrer que l'ozone était véritablement de l'oxygène allotropique, nous l'avons préparée, en obtenant l'oxygène par les procédés les plus divers, et en reconnaissant que ce gaz, une fois électrisé, était absorbé complètement par des corps tels que l'iodure de potassium, l'argent, le mercure, etc., en agissant comme l'oxygène doué d'une grande activité.

Nos conclusions ont été admises par tous les chimistes.

XX. — Sur les sels acides contenant deux acides différents.

J'ai découvert une classe nouvelle de sels acides dans lesquels une base est unie à deux acides différents.

Ainsi, lorsqu'on met les sulfates neutres de potasse, de soude, d'ammoniaque, etc., en présence de l'acide phosphorique employé en excès, la combinaison se fait avec dégagement de chaleur, et l'on obtient des sels acides qui correspondent aux bisulfates, mais dans lesquels le second équivalent d'acide est de l'acide phosphorique.

Ces nouveaux sels sont cristallisés et bien définis.

Le fait que je viens de citer n'est pas isolé; il s'étend à un grand nombre de composés salins dont l'existence avait été méconnue et qui contiennent une même base unie à deux acides différents.

Les sels, formés par la combinaison des sulfates de potasse ou d'ammoniaque avec l'acide phosphorique, peuvent être employés avec avantage en agriculture comme engrais.

XXI. — Recherches sur les fers, les fontes et les aciers.

J'ai étudié, pendant plusieurs années, dans mon laboratoire et dans différentes aciéries, les principales questions qui se rapportent aux fers, aux fontes et aux aciers.

On admettait, avant mes recherches, que les bons aciers ne pouvaient être produits que par certains minerais privilégiés que l'on appelait *les minerais à aciers*, que le carbone était le seul agent aciérant du fer et que les fontes, les aciers, ne différaient entre eux que par les proportions de carbone qu'ils contenaient. On avait même donné le nom de *propension aciéreuse*, à cette faculté mystérieuse de produire de bons aciers, qui appartiendrait exclusivement à certains minerais privilégiés.

Mes recherches ont modifié d'une manière profonde cette théorie de l'aciération et donné aux métallurgistes des méthodes qui leur permettent aujourd'hui de préparer d'excellents aciers avec des minerais de fer qui, avant moi, n'entraient pas dans l'aciération.

J'ai démontré, par de nombreuses expériences de laboratoire et par des essais industriels, que le corps qui s'allie utilement au fer pour former des fontes et des aciers n'est pas seulement le carbone.

Plusieurs corps simples tels que l'azote, le silicium, le phosphore, le manganèse, le chrome, etc., peuvent entrer utilement dans les fontes et les aciers; ils doivent être considérés alors, dans certains cas, comme de *véritables éléments constitutifs des fontes et des aciers.*

C'est en enlevant aux minerais de fer les éléments nuisibles à l'aciération, et en leur donnant ce qui leur manque, qu'on arrive à faire de bons aciers avec presque tous les minerais.

Il n'existe donc ni minerais à aciers, ni propension aciéreuse : un bon minerai de fer convenablement traité peut donner un acier excellent.

Ces principes nouveaux sur l'aciération ont d'abord été contestés : ils sont acceptés aujourd'hui par les métallurgistes les plus éminents. (Voir l'article de l'*Encyclopédie* sur l'aciération).

M. Schneider père, le directeur du Creusot, est venu me dire, dans mon laboratoire, qu'il admettait complètement les principes que j'avais émis sur l'aciération, qu'ils étaient confirmés par l'observation industrielle et qu'ils lui servaient de guide dans ses usines du Creusot.

Je crois donc avoir introduit une révolution véritable dans la fabrication de l'acier en démontrant l'utilité de corps qui, avant moi, étaient considérés comme nuisibles à l'aciération, et en faisant adopter par la métallurgie des minerais de fer qui, à tort, étaient délaissés.

C'est en m'appuyant sur ces recherches que j'ai été conduit à conseiller, dans l'artillerie, la composition d'un acier spécial que j'ai appelé le *métal à canon*.

XXII. — Le métal à canon.

Mes recherches sur les fers, les fontes et les aciers, m'ont conduit à rechercher quelle devait être la composition et les propriétés du métal à employer dans la confection des bouches à feu.

C'est là résumé de ces études que j'ai consigné dans un petit livre, ayant pour titre : *Le métal à canon*.

Cet ouvrage n'est pas, je crois, assez connu de nos officiers d'artillerie.

J'ai voulu démontrer que l'acier qui est employé dans

'la fabrication des canons est loin de présenter toutes les qualités désirables.

Il se brise sous des influences mal déterminées qui tiennent à la composition du minerai de fer qui a été employé, et surtout au mode d'affinage de la fonte.

Ce n'est pas en analysant un acier qu'on connaîtra ses défauts ; c'est en suivant sa fabrication et en le soumettant à de nombreux essais.

Un acier préparé en affinant de la fonte par le procédé Bessemer ou par la méthode Martin-Siemens, qui convient à des usages si nombreux, ne sera jamais pur et laissera toujours des incertitudes sur ses propriétés.

Le meilleur métal à canon s'obtient par la synthèse en fondant 1 partie de bon acier trempant avec 3 parties de fer.

XXIII. — Recherches sur les métaux contenus dans la mine de platine.

Ce travail qui m'a occupé pendant longtemps, m'a exposé aux émanations si redoutables d'acide osmique.

J'ai introduit d'abord plusieurs modifications dans la préparation de l'osmium, du rhodium et de l'iridium.

J'ai fait ensuite la découverte d'un nouvel acide de l'osmium auquel j'ai donné le nom d'*acide osmieux*. Cet acide qui a pour formule OsO^3, vient établir une analogie curieuse entre les degrés d'oxydation de l'osmium et ceux de plusieurs métalloïdes tels que l'azote, le phosphore. J'ai démontré que l'osmium était en quelque sorte le métalloïde de la mine de platine.

Ce nouvel acide métallique forme, avec les alcalis, des sels définis et cristallisés d'une grande stabilité qui peuvent donner facilement tous les autres composés de l'osmium.

Soumettant la mine de platine à un grillage dans l'oxygène pur, j'ai obtenu des quantités considérables d'acide osmique pur et j'ai obtenu, dans cette opération, un nouvel oxyde de ruthénium pur cristallisé.

XXIV. — Action de l'acide azotique sur l'acide sulfureux.

J'ai étudié dans ce travail, les différents phénomènes qui se produisent dans la réaction de l'acide azotique sur l'acide sulfureux, en présence de l'air et de l'eau.

Ces recherches m'ont fait introduire, dans la fabrication de l'acide sulfurique, des modifications que je crois intéressantes et dont je parlerai en analysant, plus loin, mes découvertes de chimie industrielle.

XXV. — Sur une série de nouveaux sels ayant pour base le peroxyde de manganèse MnO^2.

On considérait, avant ces recherches, le peroxyde de manganèse comme un oxyde indifférent.

J'ai prouvé que cet oxyde peut, dans certaines circonstances, se comporter comme une base véritable.

J'ai combiné le peroxyde de manganèse avec plusieurs acides et obtenu ainsi des sels bien définis et cristallisés.

J'ai donné à ces nouveaux sels qui sont colorés en rose et peu stables, le nom de *manganites*.

XXVI. — Sur un nouveau mode de cristallisation des corps insolubles.

J'ai démontré, dans ce travail, qu'en séparant au moyen d'une membrane poreuse ou par une couche de sable, deux dissolutions qui par une action mutuelle peuvent donner un corps insoluble, on pouvait, par la lenteur de l'action chimique, obtenir le corps insoluble à l'état cristallin.

J'ai produit par cette méthode générale, à l'état cristallisé, un grand nombre de sulfures, d'oxydes, de sels qui se précipitent à l'état amorphe lorsque la réaction est rapide.

Ces observations rendent compte de la formation de plusieurs minéraux.

XXVI. — Irisation du verre, sous l'influence de l'acide chlorhydrique agissant sous pression.

Dans ces expériences que j'ai exécutées en collaboration avec M. Clemandot, nous sommes arrivés à produire des verres irisés ayant l'apparence et l'éclat de la perle.

Ces verres irisés ressemblent aux verres antiques que l'on retrouve dans d'anciens tombeaux.

Nous obtenons, en peu d'heures, cette altération du verre qui s'est produite par une action séculaire de l'air humide sur le verre.

XXVII. — Production de l'aventurine de Venise.

En m'associant à M. Clémandot, nous sommes arrivés à reproduire l'aventurine de Venise, qui ne se fabriquait autrefois qu'à Venise par un procédé resté inconnu.

Notre méthode consiste à chauffer lentement un verre coloré par l'oxyde de cuivre avec un agent réducteur tel que l'oxyde de fer magnétique ou l'oxyde de fer des battitures.

Dans ce cas, l'oxyde de cuivre est réduit par l'oxyde de fer, et il se produit, dans la masse du verre, une série de petits cristaux de cuivre métallique ou de protoxyle de cuivre qui donnent au verre le plus grand éclat.

XXVIII. — Sur le chrome cristallisé.

J'ai obtenu le chrome cristallisé en faisant passer de l'hydrogène et de la vapeur de sodium sur l'oxyde de chrome.

Ce qui donne de l'intérêt à cette expérience, c'est qu'on produit ainsi du chrome qui diffère, par ses propriétés, du chrome amorphe obtenu par d'autres méthodes.

J'ai donc constaté ici un cas d'allotropie dans un métal ; ce cas est assez rare. J'ai observé cependant un fait de cette nature pour l'osmium, dont l'oxydabilité varie avec son mode de préparation.

XXIX. — Synthèse du rubis.

Ce travail m'a occupé pendant quinze années ; mon premier mémoire a été publié en collaboration avec M. Feil.

Nous sommes arrivés à produire le rubis lamelleux sur une grande échelle, en calcinant au rouge pendant plusieurs heures, dans un creuset de terre, un mélange d'alumine et de minium avec des traces de bichromate de potasse. Il se forme d'abord de l'aluminate de plomb qui est décomposé ensuite par la silice du creuset, en produisant du silicate de plomb et du rubis.

Dans un second travail sur le rubis que j'ai publié avec la collaboration de M. Verneuil, j'ai obtenu de beaux rubis rhomboédriques identiques avec ceux de la nature, en calcinant au rouge pendant plusieurs heures un mélange d'alumine chromée et potassée avec du fluorure de baryum. (Consulter ma publication sur la synthèse du rubis.)

Je démontre dans ce travail que le rubis rhomboédrique se produit, à l'état de cristaux isolés, par une réaction toute nouvelle.

Il se forme d'abord de l'aluminate de potasse qui est ensuite décomposé par l'acide fluorhydrique engendré dans le creuset à la température de 1.500 degrés.

Le fluorure de potassium se trouve alors complètement volatilisé et laisse le rubis à l'état de pureté.

Nous avons découvert ainsi un nouveau mode de cristallisation des minéraux par voie sèche ; nous séparons et nous volatilisons la potasse par l'acide fluorhydrique et nous obtenons, à l'état cristallisé, les corps unis à l'alcali.

Cette réaction est générale et peut s'appliquer à plusieurs oxydes.

Dans ce travail nous avons également obtenu le saphir.

XXX. — Absorption de l'azote atmosphérique par un mélange de soude caustique et de bois.

En chauffant pendant quelques heures et sous pression un mélange d'air, de soude caustique et de bois, j'ai constaté l'absorption complète des deux éléments de l'air par la liqueur alcaline.

J'ai produit ainsi un vide complet dans mon tube qui était devenu un véritable marteau d'eau.

Je dois dire que je ne suis pas maître entièrement de cette expérience curieuse : il me reste encore à préciser certaines conditions qui déterminent sa réussite.

XXXI. — Recherches sur l'or et l'acide aurique.

J'ai constaté dans mes recherches sur l'or, que ce métal, au point de vue chimique, se comportait plutôt comme un métalloïde que comme un métal.

En étudiant l'acide aurique, j'ai reconnu que ce corps pouvait produire des sels cristallisés avec la potasse et la soude.

Le chlorure d'or présente une certaine analogie avec les chlorures formés par les métalloïdes.

En faisant agir les sulfites sur les aurates alcalins, j'ai obtenu des composés cristallisés et bien définis que j'ai décrits sous le nom d'*aurosulfites*.

Dans ces sels, les caractères de l'or se trouvent dissimulés; ils présentent une certaine analogie avec les corps sulfazotés que j'ai découverts dans un mémoire précédent.

CHIMIE ORGANIQUE

I. — Sur un nouvel acide retiré de la saponine et des marrons d'Inde.

Ce travail, a été mon début dans les recherches chimiques. Il a été publié en 1834 ; mon dernier mémoire sur la synthèse du rubis a été publié en 1890.

II. — Sur la distillation des matières végétales avec la chaux.

Ce second mémoire, dans lequel j'ai découvert plusieurs substances volatiles nouvelles et intéressantes, a été fait, comme le précédent, soit dans le laboratoire de mon père, à Versailles, soit dans le laboratoire de M. Pelouze, à l'École polytechnique.

III. — Sur la saponification sulfurique des corps gras.

Ce troisième mémoire a été fait dans le laboratoire de l'École polytechnique sous les yeux de M. Pelouze ; je préparais alors le cours de Gay-Lussac.

Ce travail m'a présenté de nombreuses difficultés.

M. Chevreul a bien voulu examiner les corps nouveaux que j'avais découverts et contrôler lui-même mes principales expériences.

Le grand chimiste, après avoir constaté l'exactitude de mes observations, m'a donné des encouragements de toute nature ; il m'a honoré, pendant ma carrière, de sa bienveillante amitié.

M. Chevreul a fait à l'Académie un rapport sur ce mémoire et a demandé son insertion dans le *Recueil des savants étrangers,* ce qui est le plus grand honneur que l'Académie puisse accorder à un jeune savant.

Dès ce moment mon avenir scientifique se trouvait en quelque sorte assuré, et c'est à M. Chevreul que je dois ce grand encouragement.

Dans ce travail sur la saponification sulfurique, je faisais connaître plusieurs acides gras nouveaux, deux carbures d'hydrogène également nouveaux; j'établissais la théorie de la saponification des corps gras sous l'influence de l'acide sulfurique.

Ayant reconnu que les corps gras traités par l'acide sulfurique se transforment en acide sulfoglycérique et en *acides sulfogras,* qui se décomposent dans l'eau bouillante et donnent des acides gras, j'ai déclaré dans mon mémoire que mes recherches seraient un jour applicables à l'industrie, et qu'on pourrait fabriquer des bougies stéariques par la saponification sulfurique.

Mes prévisions se sont réalisées et on emploie aujourd'hui, dans plusieurs fabriques d'acide stéarique, la saponification sulfurique.

IV. — Modifications que la chaleur fait éprouver aux acides tartrique et paratartrique.

Voici le travail de chimie organique qui a le plus contribué à ma nomination de membre de l'Institut :

Graham venait de publier son admirable travail sur les hydrates de l'acide phosphorique.

Le mémoire du grand chimiste anglais restait isolé; mais j'avais compris que les faits constatés par Graham, sur l'acide phosphorique, devaient s'appliquer à des acides organiques et surtout à l'acide tartrique.

J'entrepris alors mes expériences sur la déshydratation, par la chaleur, des acides tartrique et paratartrique.

Je reconnus que ces deux acides pouvaient se déshydrater comme l'acide phosphorique et donner plusieurs acides, dont l'atomicité variable se trouvait en rapport avec la quantité d'eau qu'ils retenaient.

C'était, en un mot, la grande découverte de Graham que j'étendais et que je transportais dans la chimie organique.

J'obtenais, par une chaleur modérée, les acides tartrique et paratartrique anhydres qui, en s'hydratant, reproduiraient successivement les acides d'atomicité différente que j'avais produits par déshydratation.

Je communiquai mes résultats à Liebig, qui se trouvait alors à Paris. Le célèbre chimiste allemand me fit les plus grands éloges en me disant que les faits que j'avais découverts auraient certainement de grandes conséquences en chimie organique.

En effet Liebig ne tarda pas à publier ses beaux travaux sur la polyatomicité de plusieurs acides organiques : je crois que mon mémoire sur les hydrates polyatomiques des acides tartrique et paratartrique a exercé une certaine influence sur les découvertes de Liebig.

Berzélius voulut bien déclarer, dans ses comptes rendus, que j'avais fait, en chimie organique, une découverte capitale.

V. — Sur la composition chimique des baumes.

Je me suis proposé, dans ce travail, d'étudier les substances qui constituent les principaux baumes et de faire connaître les modifications qu'ils éprouvent sous l'influence de l'air.

Il résulte de mes recherches que les baumes sont, en général, constitués par deux principes qui se comportent différemment au contact de l'air et produisent, en s'oxydant, des corps différents.

L'un de ces principes, en absorbant l'oxygène de l'air, donne la partie résineuse des baumes ; l'autre, par son oxydation, forme des acides cristallisés tels que les acides benzoïque et cinnamique.

J'ai constaté que la partie des baumes qui, en s'oxydant, produit des acides cristallisables, est volatile et présente, au point de vue chimique, la plus grande ressemblance avec l'essence d'amandes amères; elle offre, par conséquent un intérêt véritable au point de vue chimique.

Ce premier travail sur les baumes a été l'origine d'un grand nombre de mémoires publiés sur le même sujet.

J'ai étudié surtout le principe qui existe dans le baume du Pérou liquide et qui, en s'oxydant, forme l'acide cinnamique.

C'est ainsi que, dans ce mémoire, j'ai fait connaître un procédé très simple de préparation de l'acide cinnamique en oxydant le baume du Pérou.

VI. — Sur la composition chimique de la substance cérébrale.

Lorsque j'ai entrepris ce travail, les principaux chimistes admettaient qu'il existait dans la graisse cérébrale des principes dont la composition était variable et qui contenaient des proportions de phosphore qui dépendaient en quelque sorte du degré intellectuel des individus.

C'est cette variabilité, dans la composition d'un principe organique, que j'ai voulu, avant tout, combattre.

En étudiant les principes qui existent dans la graisse cérébrale, en les purifiant et en les soumettant ensuite à l'analyse, j'ai démontré que leur composition était invariable quand on les avait convenablement purifiés.

Si on avait cru à une variation dans les proportions de phosphore dans les graisses cérébrales, c'est qu'on n'avait pas su les purifier complètement : on avait pris des mélanges pour des corps purs.

Après avoir éclairci ce point important de la science, j'ai pu retirer de la graisse cérébrale plusieurs éléments qui n'avaient pas été décrits avant moi et principalement l'acide oléophosphorique qui présente une certaine analogie avec les acides sulfogras que j'ai décrits dans mes recherches sur la saponification sulfurique.

Ce travail a été l'origine d'un grand nombre de mémoires publiés sur cette question intéressante.

VII. — Découverte de la fermentation lactique.

J'ai publié plusieurs mémoires sur la fermentation lactique, tantôt seul, tantôt en collaboration avec mon beau-père M. Boutron.

Lorsque j'ai entrepris mes premières recherches sur cette intéressante question, on ignorait complètement les causes de la production de l'acide lactique, soit dans le lait, soit dans plusieurs liquides de l'organisation animale ou végétale.

J'ai d'abord établi que plusieurs substances organiques telles que les sucres, la gomme, l'amidon, etc., pouvaient se transformer en acide lactique sous l'influence de certaines membranes animales.

Cherchant ensuite la cause de cette transformation, j'ai constaté qu'elle était due à l'influence d'un ferment spécial que j'ai nommé *ferment lactique.*

Ces faits étant une fois établis, il m'a été facile d'expliquer la production de l'acide lactique dans les différentes circonstances et surtout dans la fermentation du lait.

M'appuyant sur un principe que j'ai développé plus tard dans mes recherches sur la production des ferments, j'ai admis que le lait était un liquide contenant des *éléments vivants* qui pouvaient engendrer des ferments au contact de l'air tels que le ferment lactique.

Ce ferment lactique, étant une fois produit, agit sur le sucre de lait et le transforme en acide lactique.

En saturant par du carbonate de soude l'acidité du lait, on rend au ferment lactique toute son activité et on lui permet ainsi de changer en acide lactique, non seulement le sucre de lait naturel qui existait dans le liquide, mais aussi celui que l'on ajoute dans le lait.

A partir de la publication de ce mémoire, on a pu produire pour les applications médicales tout l'acide lactique utile à la thérapeutique, et expliquer, par des réactions comparables à celles qui se produisent dans le lait, la production de l'acide lactique dans les liquides de l'organisation végétale et animale. Ainsi je n'ai pas cherché à décrire le ferment lactique, mais je l'ai découvert; j'ai déterminé son action dans la fermentation lactique et j'ai fait connaître toutes les conditions de cette fermentation. C'est cette découverte capitale que je réclame.

VIII. — Découverte d'un acide gras nouveau dans l'huile de palme.

On a cru pendant longtemps que l'acide gras solide retiré de l'huile de palme n'était autre que l'acide margarique.

J'ai repris cette question et j'ai démontré que l'acide gras solide contenu dans l'huile de palme était un acide nouveau, dont j'ai fait l'étude et auquel j'ai donné le nom d'*acide palmitique*.

Depuis ces recherches, l'acide palmitique a été produit dans différentes réactions chimiques et joue aujourd'hui un rôle important dans l'industrie des bougies et dans celle des savons.

IX. — Recherches générales sur les substances gélatineuses contenues dans les végétaux.

Voici le travail de chimie organique qui m'a occupé le plus longtemps.

Mon but a été de faire l'étude aussi complète que possible de ces substances si intéressantes que les chimistes n'abordent pas volontiers, parce qu'elles sont gélatineuses, incristallisables et d'une purification difficile, mais qui jouent un grand rôle dans l'organisation végétale.

Je crois avoir démontré, en effet, que ces corps incristallisables, qui rebutent ordinairement les chimistes, présentent un grand intérêt, lorsqu'on les examine au point de vue de leurs applications aux sciences naturelles.

J'ai pensé qu'un professeur de chimie au Jardin des Plantes avait en quelque sorte le devoir d'étudier ces corps gélatineux qui se trouvent souvent en si grande abondance dans les tissus de presque tous les végétaux.

Il résulte de mes recherches que ces corps qui existent dans les végétaux sous des formes si variées, qui peuvent être tantôt gommeuses, tantôt gélatineuses, dérivent toutes d'un principe qui avait échappé aux recherches des chimistes et que j'ai désigné sous le nom de *pectose*.

Cette substance est insoluble dans l'eau ; elle se trouve en abondance dans les tissus utriculaires et fibreux des végétaux.

Elle jouit de la propriété de se modifier sous l'influence des ferments, des acides ou des alcalis et de donner naissance à un grand nombre de dérivés, qui ont tous la même composition, qui peuvent être considérés comme des acides faibles et qui diffèrent entre eux par leur capacité de saturation.

Les travaux que j'avais faits précédemment sur la polyatomicité des acides trouvent donc ici leur application.

Les premiers de ces dérivés de la pectose sont gommeux, solubles dans l'eau et incristallisables ; j'ai donné à ces premières substances le nom général de *pectines :* elles sont à peine acides et peuvent être saturées par des quantités très faibles de bases.

Viennent ensuite les acides pectique, métapectique, etc., qui sont insolubles et gélatineux : ces corps sont plus acides que les précédents et sont saturés par une proportion de base plus forte.

Les derniers dérivés de la pectose sont solubles dans l'eau, très acides, comparables aux acides malique et tartrique et saturent une quantité de base aussi forte qu'eux.

J'ai étudié ces acides sous les noms de *métapectique*, *parapectique*, etc.

On comprend l'intérêt qui s'attache à l'étude de ces phénomènes dans lesquels on assiste en quelque sorte au développement de l'acidité dans les végétaux.

Toutes ces modifications successives des corps gélatineux des végétaux se produisent non seulement par l'action des réactifs, mais principalement sous l'influence d'un ferment qui existe à côté même des corps gélatineux et que j'ai nommé *pectase*.

Les faits qui précèdent m'ont permis d'expliquer les modifications qui s'opèrent dans le suc des fruits.

Lorsqu'un jus de fruit devient gommeux par l'action de la chaleur, c'est que la pectose qui se trouvait dans le tissu du fruit s'est modifiée sous l'influence de l'acide du fruit qui a transformé alors la pectose en pectine qui est un corps gommeux.

Quand ce jus, devenu une fois gommeux, se prend ensuite en gelée, c'est que la pectine, recevant l'influence du ferment, la *pectase*, existant dans le fruit, se transforme en acide pectique qui est gélatineux.

Enfin, lorsque les substances gommeuses et gélatineuses des végétaux semblent disparaître, c'est que, par l'action de la pectase, ces corps se transforment en acides qui sont solubles dans l'eau et qui s'opposent à la cristallisation du sucre.

Après avoir donné les caractères chimiques des substances gélatineuses qui existent dans les végétaux, j'ai démontré, par des exemples nombreux, que les transformations pectiques jouaient un grand rôle dans plusieurs opérations industrielles telles que la fabrication du sucre de betterave, le blanchiment des tissus et le dégommage des fibres végétales.

Plusieurs industriels m'ont déclaré que mes recherches sur les corps gélatineux des végétaux, leur rendaient de véritables services dans leurs opérations.

Mes travaux sur les composés pectiques jouent aujour-d'hui un grand rôle dans plusieurs industries.

X. — Sur la fermentation sinapisique.

Dans ce travail que j'ai publié en collaboration avec M. Boutron, nous avons rendu compte de la production de l'essence de moutarde, comme nous avons expliqué la production de l'acide lactique dans la fermentation du lait.

L'essence de moutarde se produit à la suite d'une fermentation que nous avons appelée *sinapisique*.

XI. — Sur la composition de la gomme.

Tous les chimistes considéraient, avant moi, la gomme arabique comme un corps neutre comparable au sucre et à la cellulose.

J'ai démontré, par des expériences incontestables, que la gomme arabique était un sel de chaux dans lequel la base se trouvait en combinaison avec un acide nouveau que j'ai nommé *acide gummique*.

On s'était donc entièrement mépris sur la constitution véritable de la gomme.

Pour établir ce fait important, j'ai eu recours à l'analyse et à la synthèse. J'ai retiré d'abord de la gomme arabique la chaux et l'acide gummique qui la constituaient ; ensuite, en combinant l'acide gummique à la chaux, j'ai obtenu par la synthèse un sel qui présentait la composition et les propriétés de la gomme arabique.

Ce résultat a été confirmé par un grand nombre de chimistes.

Je n'ai pas oublié que dans une visite faite par moi en Angleterre, au laboratoire de Graham, le célèbre chimiste anglais me montra une expérience dans laquelle il venait de décomposer la gomme arabique dans un appareil *dialytique* de son invention : il avait obtenu ainsi de la chaux et de l'acide gummique. M. Graham voulut bien me dire qu'il considérait mon travail comme étant d'un grand intérêt pour la chimie organique.

Prenant les deux éléments de la gomme que Graham avait séparés au moyen de la dialyse, je reconstituai synthétiquement, la gomme que le chimiste anglais avait décomposée.

XII. — Sur les corps hémi-organisés.

Ce travail a été le début de ma discussion avec M. Pasteur sur la génération des ferments.

J'ai voulu désigner sous le nom de *corps hémi-organisés*, des substances vivantes, souvent gélatineuses, qui existent dans l'organisme; ces corps passent souvent entre les pores de nos filtres et cependant, en raison de leur vitalité, ils engendrent d'autres corps tels que certains ferments.

Cette création de ferments que M. Pasteur fait dériver des germes de ferments atmosphériques, proviennent, selon moi, des corps hémi-organisés vivants qui, suivant leur état de développement, engendrent des ferments différents.

C'est ainsi que des liquides tels que le lait, les sucs de fruits, les corps albumineux, etc., qui contiennent des substances hémi-organisées, peuvent engendrer des ferments.

Pour expliquer la génération des ferments, je ne fais donc pas intervenir les germes atmosphériques de ferments dont l'existence est toute hypothétique.

En traitant de la fermentation, je montrerai plus loin que ma théorie rend compte d'un grand nombre de phénomènes que M. Pasteur a laissés sans explication.

XIII. — Sur les corpuscules vitellins et aleuriques.

J'ai établi dans ce travail que j'ai exécuté en collaboration avec M. Valenciennes, qu'il existe une certaine analogie entre les corpuscules qui se trouvent dans les œufs et ceux que contiennent certaines graines.

XIV. — Sur les ressemblances qui existent entre la composition chimique des œufs et celle des graines.

J'ai publié ce travail en collaboration avec M. Cloëz : il complète le mémoire précédent.

Seulement au lieu de comparer seulement entre eux les corpuscules vitellins et les corpuscules aleuriques, j'établis la ressemblance qui existe entre tous les éléments des œufs et ceux qui constituent les graines.

XV. — Propriétés distinctives des combustibles fossiles.

J'ai fait connaître, dans ce mémoire, les propriétés qui permettent de distinguer entre eux les différents combustibles dont les éléments sont insolubles dans les réactifs et difficiles à différencier.

XVI. — Sur la constitution et le mode de production de la houille.

Ce travail a eu pour but d'étudier le mode de production de cette matière noire, non organisée, en partie fusible, qui se trouve en si grande proportion dans presque toutes les houilles.

Il résulte de mes observations que cette substance noire résulte d'une première transformation de la substance ligneuse qui a perdu son organisation sous l'influence d'une sorte de fermentation.

Cette première transformation étant une fois produite, elle est complétée par l'action de la chaleur et de la pression.

En me basant sur ces premières recherches, je suis arrivé à reproduire artificiellement des substances qui offrent les propriétés et la composition de certaines houilles.

Ce mémoire me paraît jeter un grand jour sur le mode de production des houilles dans la nature.

CHIMIE

APPLIQUÉE A LA PHYSIOLOGIE VÉGÉTALE

I. — Plusieurs mémoires sur la chlorophylle.

Ce travail, qui intéresse à un si haut degré la chimie et la physiologie végétale, présentait de très grandes difficultés en raison du peu de stabilité de la chlorophylle qui, sous certains rapports présente une certaine analogie avec la matière colorante du sang.

Aussi, je ne suis arrivé à déterminer la nature véritable de substance verte des feuilles, qu'après la publication de plusieurs mémoires sur cette importante question.

Il résulte de mes dernières recherches sur la chlorophylle, que cette substance est formée de deux corps différents : l'un est jaune et présente les propriétés d'une matière résineuse, cristallisable que j'ai nommée *Phylloxanthine;* l'autre est d'un bleu verdâtre et se trouve formée par la combinaison de la potasse avec un acide violet que j'ai désigné sous le nom d'*acide phyllocyanique.*

Lorsque les feuilles tombent, le phyllocyanate de potasse joue donc encore un rôle qui intéresse la végétation, car il rend au sol l'alcali qui est utile au développement des plantes.

II. — Sur la matière colorante des fleurs.

Ce travail, que j'ai publié en collaboration avec M. Cloëz, démontre qu'un grand nombre de fleurs sont colorées soit par une matière résineuse jaune qui présente une certaine analogie avec la phylloxanthine que j'ai retirée de la chlorophylle ; soit par une autre substance qui, sous des influences variées des sucs de la plante, affecte des couleurs différentes et peut être rose, violette, bleue, brune, etc.

Avec une seule substance modifiée par les sucs des végétaux, nous sommes arrivés à reproduire presque toutes les colorations des fleurs.

III. — Sur la composition chimique du latex.

J'ai démontré, dans ce mémoire, que le latex contient une quantité considérable d'albumine et qu'en raison de sa composition chimique il peut jouer, dans les végétaux, le rôle physiologique que le sang joue chez les animaux.

IV. — Composition chimique du pollen.

J'ai étudié, en collaboration avec M. Cloëz, la composition chimique du pollen.

Il résulte de ces recherches que le pollen présente une composition très complexe, et se rapproche beaucoup des graines.

Nous avons trouvé dans le pollen des corps neutres divers, des corps gras, des substances albumineuses, des sels minéraux ; en un mot, tous les éléments des organismes vivants.

V. — Mode général d'analyse des tissus ligneux.

Dans mes études de chimie végétale, j'ai placé, en première ligne, l'examen du squelette des végétaux : j'ai cherché d'abord une méthode générale d'analyse qui me permettrait d'isoler tous les éléments composant les tissus ligneux d'en déterminer les caractères et les proportions.

Cette recherche présentait de grandes difficultés ; on sait en effet qu'avant mes publications, il était impossible de séparer analytiquement les uns des autres des éléments ligneux insolubles dans presque tous les dissolvants neutres et dans les principaux réactifs.

Je suis arrivé cependant au but que je poursuivais, en séparant et en dosant, avec une certaine exactitude, les corps insolubles qui existent dans tous les tissus organiques les plus complexes ; j'analyse donc un bois comme on analyse une matière minérale.

J'ai montré d'abord qu'un tissu végétal présente une composition beaucoup plus complexe qu'on ne le pensait avant moi.

On considérait le tissu des végétaux comme étant formé presque exclusivement par une seule substance, *la Cellulose*.

Il existe dans le tissu végétal beaucoup d'autres corps qui avaient été méconnus.

VI. — Corps cellulosiques.

J'ai prouvé que le tissu des végétaux ne contenait pas seulement une seule cellulose, mais toute une série de corps cellulosiques isomères avec la cellulose de Payen, mais qui en diffèrent par des caractères distinctifs très nets.

J'ai étudié ces corps isomériques que j'ai désignés sous le nom de *substances cellulosiques*.

VII. — Pectose et ses dérivés.

On trouve dans le tissu des végétaux, à côté des substances cellulosiques, un corps très intéressant qui avait
été méconnu avant moi et que j'ai désigné sous le nom de
pectose.

La pectose est remarquable par son abondance dans les
tissus ligneux et par les nombreux dérivés qu'elle peut
produire sous l'influence de certains ferments, et celle des
acides ou des alcalis.

Ce sont les dérivés de la pectose qui forment les gelées
végétales.

VIII. — Cutose.

J'ai découvert ce corps dans la cuticule des végétaux.

Il présente un intérêt chimique véritable ; il se sapo-
nifie comme les corps gras en donnant un acide solide et
un acide liquide qui sont nouveaux.

Après avoir découvert la cutose, j'ai complété son étude
dans un travail publié en collaboration avec M. Urbain.

IX. — Vasculose.

Cette substance est peut-être la plus remarquable de
toutes celles que que j'ai découvertes dans le tissu ligneux.

Elle est caractérisée par son insolubilité dans l'acide
sulfurique, même concentré.

La vasculose se trouve en abondance dans les bois durs,
qui en contiennent de 30 à 60 p. 100.

C'est donc à tort que l'on considère le bois comme
formé par la cellulose.

X. — Composition chimique des éléments ligneux.

Après avoir étudié, à l'état isolé, les corps qui, par leur association organique, constituent le squelette des végétaux, j'ai dû déterminer, avec la collaboration de M. Urbain, la composition de ces principaux organes.

Les cellules sont formées par l'association des corps cellulosiques avec la pectose, la cutose et la vasculose; on y trouve également des substances albumineuses et des corps minéraux.

XI. — Vaisseaux.

J'ai démontré que les vaisseaux des plantes sont en grande partie formés par des corps cellulosiques et par la vasculose.

XII. — Cuticule.

La cuticule des plantes est presque entièrement constituée par la cutose.

XIII.

Les cellules du liège sont à base de substances cellulosiques, de cutose et de vasculose.

XIV. — Fibres textiles des végétaux.

Les fibres textiles du lin, de la ramie, du chanvre, une fois bien purifiées, sont constituées par une substance cellulosique, soluble dans l'acide sulfurique concentré, sans colorer la liqueur et que j'ai désignée sous le nom de *fibrose*.

J'ai retiré récemment du collodion une fibrose ayant l'aspect de la soie.

XV. — Épiderme.

L'épiderme des plantes textiles est principalement formé de fibrose, de pectose, de cutose et de vasculose.

Cet ensemble de recherches chimiques sur les tissus des végétaux, permet donc de déterminer nettement leur composition qui, avant moi, était inconnue.

XVI. — Recherches générales sur la fermentation. Génération des ferments.

Mes opinions sur la fermentation et sur la génération des ferments diffèrent des idées qui ont été émises par M. Pasteur.

M. Pasteur admet que les ferments *proprement dits* sont des êtres vivants qui dérivent des germes que l'air apporte dans les milieux fermentescibles.

Ainsi, pour lui, un grain de raisin ne fermente que si l'air a introduit, dans l'intérieur du fruit, un germe de ferment venant de l'air.

C'est en faisant intervenir les germes de ferments atmosphériques que M. Pasteur explique les fermentations du lait, du bouillon, des sucs de fruits, etc.

Quant à moi, je repousse l'existence des germes de ferments.

J'admets simplement que les membranes vivantes, ont le pouvoir de créer, par le contact de l'air, c'est-à-dire sous l'influence de l'oxygène atmosphérique, des ferments qui sont des agents de décomposition.

M. Pasteur pense que l'air apporte les ferments ou leurs germes dans les milieux fermentescibles.

Tandis que, selon moi, l'oxygène atmosphérique donne l'activité aux organes vivants qui produisent les ferments.

Pourquoi chercher des germes de ferments quand il n'en existe pas pour l'amidon, pour la chlorophylle, pour les globules du sang?

Sur les hautes montagnes où les germes atmosphériques de M. Pasteur n'existent pas, et cependant les liquides fermentescibles tels que le lait, entrent toujours en fermentation dans ces localités.

C'est donc le lait qui produit des ferments.

XVII. — Maturation des fruits.

En me basant sur ma théorie des corps hémi-organisés vivants qui, sous l'influence de l'oxygène atmosphérique, engendrent des ferments, il m'a été facile d'expliquer la maturation des fruits qui est produite par l'action des ferments.

La maturation d'un fruit est le commencement de la décomposition des éléments qui existent dans la pulpe des fruits.

Lorsque le fruit est vert, sa pulpe contient des principes différents tels que la clorophylle, le tannin, les acides, etc.

Quand la maturation commence, l'air pénètre peu à peu dans l'intérieur de la pulpe, agit sur les corps hémi-organisés qui engendrent alors les agents de décomposition, c'est-à-dire des ferments.

La couleur verte disparaît d'abord pour être remplacée par une autre coloration; le tannin se brûle peu à peu; il en est de même des acides qui éprouvent une combustion lente; le sucre apparaît et se développe : c'est à ce moment que le fruit est mûr.

Si on attend trop longtemps, les ferments continuent leur action décomposante au contact de l'air.

Le sucre entre bientôt en fermentation; l'alcool et différents éthers se produisant donnent de l'arome au fruit; la pulpe ne tarde pas à se détruire sous l'influence des ferments et de l'air.

Le phénomène de décomposition est alors accompli et la graine se trouve mise en liberté par l'action des ferments.

CHIMIE
APPLIQUÉE A LA PHYSIOLOGIE ANIMALE

I. — Sur la composition chimique des os et sur leur formation.

Dans la première partie de ces recherches, j'ai déterminé d'abord la composition des principaux tissus osseux qui existent dans l'organisation animale, même celle des os fossiles.

Mais le point capital de ce travail était de rechercher le mode de production de la substance osseuse.

On admettait avant moi que la solidification de l'os se faisait par l'incrustation calcaire d'une substance gélatineuse qui se formait d'abord et qui ensuite se solidifiait par l'introduction lente des éléments calcaires.

Mes recherches n'ont pas confirmé cette théorie de l'ossification.

En analysant la substance osseuse à sa formation, soit dans le cal qui se produit après les ruptures d'os, soit dans les os de fœtus, j'ai reconnu que l'os ne se solidifiait pas par l'incrustation calcaire et successive d'un tissu d'abord gélatineux qui se durcissait peu à peu par l'addition lente de composés calcaires ; j'ai démontré que la dureté de l'os était due à l'agrégation de *corpuscules osseux*, qui, dès le principe, avaient la même composition que l'os dur et ancien.

En un mot, le premier point osseux qui apparaît dans l'os d'un fœtus, présente à peu près la même composition chimique que celui qui est retiré de l'os d'un vieillard.

L'incrustation d'un tissu gélatineux par des composés calcaires n'existe donc pas.

Ce n'est pas ainsi que les os se solidifient.

II. — Transformation de la fibrine en albumine.

Ce travail a été fait en collaboration avec le célèbre physiologiste Magendie. Un chien était saigné tous les jours ; on enlevait au sang la fibrine qu'il contenait et on introduisait dans la circulation le sang ainsi défibriné.

J'ai reconnu que ce sang reproduisait une nouvelle fibrine aux dépens des muscles ; mais cette fibrine de formation récente n'avait plus l'apparence de la fibrine normale ; elle était gélatineuse et transparente : mise dans l'eau à 40°, elle s'est dissoute complètement et a donné un liquide qui se coagulait par l'ébullition et par l'action des acides ; elle présentait les caractères d'une liqueur albumineuse.

III. — Composition chimique des œufs.

J'ai constaté dans le jaune d'œuf la présence d'une quantité considérable de substances grasses phosphorées qui présentent la plus grande analogie avec celles que j'ai découvertes dans la graisse cérébrale.

IV. — Sur la nature de l'albumine.

En examinant les albumines contenues dans les œufs

de différents animaux, j'ai reconnu que ces albumines présentent des caractères qui varient avec leur origine.

Pour moi, l'albumine n'est pas un corps chimique défini; c'est une association organique contenant des substances minérales, des matières azotées diverses, et des corps hémi-organisés vivants.

J'admets donc que les substances albumineuses qui contiennent des principes vivants, peuvent, au contact de l'air, engendrer des ferments.

V. — Sur la composition des corpuscules vitellins et sur la constitution des muscles et des tissus.

Ces mémoires ont été publiés en collaboration avec M. Valenciennes; mon but a été de faire connaître des faits nouveaux sur la constitution de plusieurs corpuscules créés par l'organisation animale.

VI. — Sur la substance grasse qui colore en jaune les muscles du saumon.

Les muscles de plusieurs poissons mais principalement ceux du saumon, contiennent un acide gras qui est jaune et phosphoré.

J'ai donné à cet acide le nom d'*acide salmonique*. Il présente quelques rapports avec les corps phosphorés que j'ai retirés de la graisse cérébrale.

VII. — Sur la substance organique qui colore le test des écrevisses.

En étudiant cette curieuse substance organique, j'ai déterminé dans quelles circonstances elle devient rouge.

Il résulte de mes recherches que cette modification se

produit dans des conditions variées et même lorsque le test est simplement desséché dans le vide.

VIII. — Sur la nature chimique du cristallin de l'œil dans les séries animales.

Le cristallin de l'œil est constitué par la superposition de deux matières albumineuses différentes, et il ressemble, sous ce rapport, à une lentille de verre achromatique.

IX. — Sur la substance organique qui existe dans les perles et les coquilles.

Les perles et les coquilles contiennent une substance organique nouvelle qui est remarquable par sa résistance à l'action des réactifs même très énergiques : je lui ai donné le nom de *conchioline*.

X. — Sur la matière colorante des coquilles.

Cette matière colorante ne peut pas être assimilée, comme on le pensait, à certaines substances colorées que l'on retire des végétaux.

Elle est peu stable et se détruit immédiatement par l'action des acides : les anciens ne l'ont jamais employée dans leur peinture murale qui est remarquable par sa solidité.

XI. — Sur la matière noire de la sèche.

J'ai démontré que cette substance colorante est azotée et se rapproche par sa composition et ses propriétés des corps albumineux.

XII. — Sur l'osséine.

J'ai étudié les propriétés et les qualités alimentaires de l'osséine pendant le siège de Paris.

Cette matière peut être purifiée facilement et entrer avec avantage dans l'alimentation, sans avoir les inconvénients de la gélatine qui est soluble dans l'eau ; tandis que l'osséine est insoluble dans l'eau froide.

Pendant le siège de Paris, au moment de notre famine, j'ai fait manger, sans inconvénient, à la population parisienne, des quantités énormes d'osséine.

RECHERCHES DE CHIMIE
APPLIQUÉE A L'INDUSTRIE

J'ai toujours eu un goût particulier pour les applications de la chimie à l'industrie, en me rappelant cette parole que mon maître, Gay-Lussac, m'a dite souvent : « *Le mérite d'une découverte chimique augmente dans une proportion considérable lorsqu'elle devient utile à l'industrie* ».

Le grand chimiste a, du reste, appliqué ce principe dans plusieurs de ses travaux.

I. — Extraction de l'acide sulfurique contenu dans le plâtre.

Je suis arrivé à extraire les éléments de l'acide sulfuri-

que contenu dans le plâtre en soumettant, au rouge, un mélange de plâtre et de silice à l'influence de l'air humide.

Cette réaction est restée une expérience de chimie
intéressante, mais qui n'a pas eu d'application industrielle
parce qu'elle consommait une quantité de charbon trop
considérable.

II. — Désulfuration du coke par la vapeur d'eau.

On peut désulfurer le coke en le soumettant, au rouge,
à l'action de la vapeur d'eau : le soufre se dégage à l'état
d'acide sulfhydrique.

Cette opération peut être utilisée dans l'industrie, lorsqu'en métallurgie on se propose d'employer un combustible non sulfureux.

III. — Préparation d'un combustible artificiel formé de plusieurs éléments.

J'ai fait préparer à Blanzy un combustible composé de
houille, de coke, d'anthracite et de goudron, qui pouvait
même contenir, suivant les usages, de la chaux et du carbonate de soude : ce mélange prend un grand degré de
dureté, par les procédés ordinaires d'agglomération et se
comporte bien au feu ; il m'a paru intéressant de produire, dans certains cas, un combustible dont les propriétés et la composition varient avec les usages qu'il doit
recevoir.

IV. — Emploi, dans le haut fourneau, des scories d'affinage.

Lorsque j'étais Conseil des forges et fonderies de Fourchambault, j'ai démontré tout le parti qu'on pouvait tirer

des scories d'affinage, en mélangeant les scories avec une quantité convenable de chaux.

J'ai obtenu ainsi, dans un haut fourneau qui a marché assez longtemps, des fontes retirées des scories employées seules comme minerai de fer.

V. — Fabrication d'une fonte de première qualité avec le résidu de grillage de la pyrite.

J'ai été le premier à démontrer, d'une façon industrielle, qu'on pouvait obtenir une fonte excellente en employant comme minerai de fer le résidu de grillage de la pyrite, lorsque ce résidu est assez désulfuré pour ne contenir que quelques millièmes de soufre.

Mes expériences ont été faites dans un haut fourneau placé dans les environs de Chauny et ont porté sur plus de 50.000 kilogrammes de résidus.

Ces premiers essais ont été répétés ensuite avec succès dans d'autres usines.

VI. — Emploi de l'oxyde de fer dans l'affinage de la fonte. Transformation du fer à nerf en fer à grain.

En exécutant de nombreuses expériences dans la fonderie de Fourchambault, j'ai démontré qu'en faisant agir sur la fonte en fusion un excès d'oxyde de fer ou de minerai de fer, il était facile d'augmenter, dans une proportion considérable, la qualité du fer obtenu, et d'arriver à donner, à la fonte au coke, les propriétés du fer au bois.

Mélangeant de l'oxyde de manganèse à l'oxyde de fer dans le four à puddler, j'ai obtenu ainsi des fers qui convenaient entièrement à l'aciération et qui, avant cette addition, n'étaient pas propres à cet usage.

VII. — Fabrication métallurgique du manganèse.

Le rôle métallurgique du manganèse que j'ai signalé si souvent dans mes recherches sur l'aciération, donnait un grand intérêt à cette question.

Avant la production industrielle du ferro-manganèse dans le haut fourneau, j'ai démontré qu'on pouvait obtenir, en grand, du manganèse presque pur, en réduisant l'oxyde de manganèse dans un four dont la sole était en charbon.

VIII. — Recherches sur l'aciération.

Presque toutes les expériences sur l'aciération que j'ai exécutées dans mon laboratoire, ont reçu des applications utiles dans la métallurgie du fer et celle de l'acier.

J'ai démontré d'abord que les différents aciers utilisés dans l'industrie ne devaient pas toujours leurs qualités à la proportion de carbone qui était combiné au fer, et que le manganèse, le chrome, le tungstène, le silicium, le phosphore, etc., jouaient souvent un rôle considérable dans certaines aciérations.

Il résulte de mes recherches qu'il n'existe pas de *minerai d'acier et de propension aciéreuse;* tous les minerais de fer peuvent convenir à la fabrication des aciers, à la condition de leur donner ce qui leur manque et de leur enlever les éléments qui nuisent à l'aciération.

IX.

En m'appuyant sur les faits que j'ai constatés dans mes recherches sur l'aciération, j'ai fait connaître la composition qu'il fallait donner *au métal à canon.*

X. — Production directe de l'acier, sans passer par l'état de fonte.

J'ai produit directement de l'acier excellent, sans passer par la fonte, en chauffant dans un four à gaz le résidu du grillage de la pyrite réduit par le charbon, avec une fonte manganésée aciérante.

XI. Recherches sur l'affinage du verre.

Je me suis proposé dans ce travail de donner la théorie de la production du verre et celle de son affinage.

Il résulte de mes observations que, dans la fabrication du verre au moyen du sulfate de soude, ce sel se change d'abord partiellement en sulfure de sodium qui, agissant ensuite sur le sulfate de soude en présence de la silice, produit du silicate de soude, de l'acide sulfureux et du soufre.

On peut démontrer l'exactitude de cette réaction en recueillant et dosant les corps qui se dégagent tels que le soufre l'acide sulfureux et le silicate alcalin.

J'ai appliqué ces observations à la pratique de la fabrication du verre et de son affinage.

Ces expériences ont été faites, en grand, dans la glacerie de Saint-Gobain.

XII. — Fabrication économique du silicate de soude et son emploi direct en verrerie.

Ces études sur le verre ont été appliquées, non seulement à sa fabrication et à son affinage mais, aussi à la production économique du silicate de soude qui peut alors remplacer avec avantage le sulfate de soude dans la préparation du verre et faciliter son affinage en évitant les productions de gaz.

Mes essais ont été faits dans une grande fabrique de verre à bouteilles et ont donné des résultats excellents.

Dans cette préparation du silicate de soude au moyen du sulfate de soude, j'ai démontré qu'on pouvait recueillir avec facilité le soufre qui résulte de la réaction.

XIII. — Irisation du verre.

Dans un travail fait avec M. Clemandot, j'ai démontré qu'on pouvait obtenir une irisation artistique du verre, comparable à celle qui se produit dans les anciens tombeaux, en chauffant, sous pression, le verre avec une petite quantité d'acide chlorhydrique.

XIV. — Fabrication du carbonate de soude
en petits cristaux.

J'ai fait fabriquer le carbonate de soude en petits cristaux par l'évaporation de la lessive de soude brute débarrassée du sulfure de sodium qu'elle contient.

Cette liqueur est évaporée jusqu'à la production des petits cristaux qui sont purifiés ensuite par un clairçage ou par une cristallisation.

L'opération a été faite, en grand, dans la soudière de Chauny.

XV. — Préparation économique de la soude caustique
liquide.

En adoptant la fabrication des petits cristaux de soude telle que je l'ai décrite, l'eau mère représente une liqueur contenant une quantité considérable de soude caustique que l'on peut vendre avantageusement sous cet état et qui dispense, dans bien des cas, d'employer la soude caustique anglaise.

Cette liqueur de soude rendrait de grands services dans le lessivage domestique et dans la fabrication économique du savon.

Je suis persuadé que ce procédé, que j'ai proposé, sera adopté un jour.

XVI. — Améliorations à introduire dans la fabrication de l'acide sulfurique.

Après avoir étudié avec grand soin les fabrications d'acide sulfurique dans les usines de la Compagnie de Saint-Gobain; je suis arrivé à proposer les améliorations suivantes dans cette fabrication :

1° J'ai proposé d'introduire dans les chambres de plomb des injecteurs d'air, parce que, dans un grand nombre de cas, l'oxygène manque dans les appareils et la régénération des composés nitreux ne se fait que d'une façon incomplète : ces injections d'air ont été adoptées.

2° La colonne Gay-Lussac est destinée à condenser les corps nitreux AzO^3 — AzO^4. Mais, dans bien des cas, cet appareil est insuffisant parce qu'il forme du bioxyde d'azote qui n'est pas absorbé dans l'appareil Gay-Lussac; de là une perte considérable de composé nitreux.

J'ai conseillé l'emploi d'une chambre complémentaire dans laquelle le bioxyde d'azote recevant l'influence de l'oxygène atmosphérique en excès, se transformerait en vapeurs rutilantes qui seraient absorbées alors par l'acide sulfurique et rentreraient dans la circulation.

3° Ayant reconnu que, dans certaines conditions qui se réalisent dans les chambres de plomb, les composés nitreux peuvent, sous l'influence d'un excès d'acide sulfureux, donner naissance à du protoxyde d'azote et même à de l'azote qui sont perdus pour le fabricant; j'ai fait connaître les méthodes à employer pour éviter cette perte d'azote qui est la plus grande que le fabricant puisse éprouver.

XVII. — Préparation de l'acide chlorhydrique au moyen des chlorures.

L'extension que prennent les emplois industriels de l'acide chlorhydrique, oblige souvent les soudières à fabriquer une quantité de sulfate de soude qui n'est plus en rapport avec les besoins.

J'ai fait connaître des méthodes industrielles qui permettent de préparer, avec économie, de l'acide chlorhydrique en décomposant les chlorures de sodium, de calcium, de magnésium par la silice et la vapeur d'eau.

XVIII. — Préparation économique de l'acide phosphorique et du phosphate acide de chaux.

Méthodes les plus économiques qui permettent de préparer l'acide phosphorique pour l'agriculture et le phosphate acide de chaux.

Cette production d'acide phosphorique permet d'enrichir les phosphates pauvres.

Le procédé que j'ai décrit est aujourd'hui employé dans les usines.

XIX. — Combinaisons de l'acide phosphorique avec les sulfates de potasse et d'ammoniaque.

Combinaisons d'acide phosphorique avec le sulfate de potasse et le sulfate d'ammoniaque.

Ces sels doubles peuvent être employés dans la fabrication des engrais.

XX. — Recherches sur les ciments.

J'ai publié plusieurs mémoires sur les ciments qui sont applicables à l'industrie.

Il résulte de mes recherches que le ciment à prise rapide a pour base l'aluminate de chaux, et que la prise lente d'un ciment est due à une action pouzzolanique; dans ce dernier cas, la prise résulte de la réaction de la chaux grasse sur un silicate ou un aluminate.

XXI. — Saponification sulfurique.

Dans mon mémoire sur la saponification sulfurique, j'ai démontré que les corps gras se transforment par l'action de l'acide sulfurique en acides sulfo-gras et sulfo-glycérique.

Ces acides doubles se décomposent sous l'influence de l'eau bouillante en glycérine et en acides gras.

Ce qui rend cette réaction importante pour l'industrie, c'est que, par l'acide sulfurique, on obtient une plus grande quantité d'acides gras solides que par les bases tels que la chaux.

Les avantages industriels de cette réaction sont décrits dans mon mémoire sur la saponification sulfurique.

XXII. — Production de l'aventurine de Venise.

Travaillant en collaboration avec M. Clemandot, nous avons trouvé le moyen de reproduire industriellement l'aventurine que l'on fabriquait avant nous exclusivement à Venise.

Notre procédé consiste à introduire un corps réducteur tel que l'oxyde de fer intermédiaire, dans un verre contenant du bioxyde de cuivre.

Sous l'influence de la chaleur, le bioxyde de cuivre est réduit et forme, dans la masse cuivreuse, de petits cristaux très brillants qui sont du protoxyde de cuivre ou du cuivre métallique.

Le procédé que nous avons publié a été exécuté en grand.

XXIII. — Fabrication du papier de bois.

A la suite de mes publications sur les tissus ligneux, j'ai démontré comment on pouvait obtenir de belle pâte à papier, en enlevant au bois, par l'action de différents réactifs les corps que j'ai nommés pectose, vasculose, cutose.

XXIV. — Conservation des toiles par le sel ammoniaco-cuivrique.

J'ai démontré que les toiles sont préservées pendant longtemps de toute altération, lorsqu'on unit la cellulose qui les constitue avec un sel ammoniaco-cuivrique.

XXV. — Application à l'industrie de mes nombreuses publications sur les tissus des végétaux.

En éliminant la cutose, la pectose, la vasculose qui soudent les fibres végétales et en suivant les méthodes que j'ai indiquées, on peut retirer du lin, de la ramie, du chanvre, une substance que j'ai nommée la FIBROSE et qui présente, lorsqu'elle est pure, l'aspect de la soie.

Ces recherches que j'ai suivies dans mon laboratoire pendant longtemps, reçoivent aujourd'hui, dans l'industrie, des applications importantes.

XXVI. — Rouissage chimique du lin et du chanvre.

Les travaux précédents ont servi de base aux perfection-
nements que j'ai introduits dans le rouissage chimique du
lin et du chanvre et dans le dégommage de la ramie.

MES OUVRAGES DE CHIMIE

I. Traité de chimie, en 6 volumes, en collaboration avec
M. Pelouze. Plusieurs éditions.

II. Traité élémentaire de chimie, huit éditions; les
premières éditions étaient en collaboration avec M. Pelouze.

III. Le Guide du chimiste, en collaboration avec M. Terreil.

IV. Chimie pour les gens du monde.

V. Mon cours de chimie à l'École polytechnique.

VI. Grande Encyclopédie chimique, publiée sous ma
direction.

VII. Le métal à canon et les aciers.

VIII. Nouvelle théorie de l'aciération.

IX. Sur la génération des ferments.

X. Sur les fibres textiles.

XI. Sur le traitement chimique de la ramie.

XII. Sur le rouissage du lin.

XIII. Production artificielle du rubis.

PUBLICATIONS
SUR LA CARRIÈRE SCIENTIFIQUE

J'ai pensé qu'un enseignement de cinquante années et que ma présence au Conseil supérieur de l'Instruction publique, m'imposaient en quelque sorte le devoir de soutenir les intérêts des jeunes savants.

Tel est le but des publications dont je rappelle les titres ici.

I. Les Volontaires de la science.

II. Organisation des carrières scientifiques.

III. Réforme de l'enseignement scientifique supérieur.

IV. Causes de l'abandon des carrières scientifiques.

V. Le recrutement de la science. — Rémunération de la production scientifique.

VI. Création au Muséum des *Attachés scientifiques*.

VII. *Création de bourses* au Muséum d'histoire naturelle.

VIII. Création de l'enseignement de la chimie expérimentale et gratuite au Muséum.

IX. Rétributions accordées aux jeunes savants sans fortune.

X. Les savants délaissés.

MON ENSEIGNEMENT
A L'ÉCOLE POLYTECHNIQUE

J'ai fait pendant trente-huit ans, à l'École polytechnique, un cours de chimie générale.

Je n'ai jamais perdu de vue le but que je devais me proposer dans un enseignement qui s'adressait à de futurs ingénieurs civils et militaires, et qui devenaient souvent des savants de premier ordre.

J'exposais avec détail les grandes découvertes de la chimie, en insistant sur les applications industrielles qu'un ingénieur doit connaître.

Tout en développant les conquêtes nouvelles de la chimie, je supprimais certains détails, purement théoriques, qui ne me paraissaient pas convenir à mon auditoire.

Dans mon cours, la chimie minérale tenait plus de place que la chimie organique.

Comme mes anciens élèves connaissent mon dévouement absolu à la grande École qui fait l'honneur de la France, ils me permettront peut-être de constater ici un vice, dans l'enseignement chimique, que j'ai souvent signalé dans les conseils d'instruction et de perfectionnement.

Cet enseignement est trop théorique et pas assez expérimental.

La tendance mathématique des élèves les porte à préférer des théories aux démonstrations expérimentales.

Cette tendance persiste dans leur carrière et les expose à des critiques qui ne sont pas sans fondement.

Les manipulations de chimie, telles qu'elles existent à l'École sont beaucoup trop rapides; les élèves les négligent et savent qu'elles exercent peu d'influence sur leur classement.

Au lieu d'éparpiller l'enseignement expérimental de la

chimie dans des manipulations trop courtes qui s'étendent sur toute la chimie, je voudrais que les élèves pussent concentrer leurs études sur certaines réactions chimiques convenablement choisies qui deviendraient alors sérieuses et leur donneraient une idée exacte de la chimie expérimentale et de ses grandes applications.

Le cours de chimie organique fait à l'École polytechnique insiste trop longuement sur des questions théoriques qui appartiennent à l'enseignement des Facultés.

MON ENSEIGNEMENT
AU MUSÉUM D'HISTOIRE NATURELLE

Usant de la liberté qui est laissée aux professeurs du Jardin des plantes, j'ai été assez heureux pour instituer, au Muséum, un enseignement chimique expérimental tel que je le conçois.

Les principes généraux de la chimie peuvent être exposés utilement dans l'amphithéâtre; mais ce n'est que dans le laboratoire qu'on peut acquérir ces connaissances basées sur l'observation et l'expérience qui forment le chimiste.

C'est dans cette conviction que j'ai fondé au Muséum un enseignement expérimental de la chimie, qui n'existait pas encore et qui fonctionne avec un un grand succès depuis vingt années.

Je considère cette fondation scientifique, comme ayant rendu un service véritable à la science; car un grand nombre de chimistes distingués sont sortis de notre laboratoire du Muséum, et j'ai pu ouvrir ainsi une carrière nouvelle à nos jeunes savants.

Plusieurs professeurs ont suivi l'exemple que j'ai donné.

En créant au Muséum l'enseignement expérimental de la chimie, j'ai voulu qu'il fût absolument gratuit. Je n'ai pas oublié qu'autrefois il fallait être riche pour être admis dans un laboratoire de chimie.

Des exemples nombreux m'avaient démontré que l'on constatait souvent une aptitude remarquable pour les sciences expérimentales chez les jeunes gens qui, faute de fortune, n'avaient pas pu compléter leur éducation scientifique.

Pour élargir autant que possible le recrutement scientifique de mon laboratoire, j'ai décidé que les titres universitaires ne seraient pas exigés pour prendre part à l'enseignement expérimental du Muséum.

Enfin pour aider les jeunes travailleurs qui ne peuvent pas supporter les frais d'un séjour à Paris, j'ai demandé et obtenu pour eux *des bourses* qui les encouragent et les soutiennent.

Mon laboratoire du Muséum ayant été reconnu comme un établissement d'utilité publique, a pu recevoir de plusieurs amis des sciences un certain nombre de donations qui me permettent d'aider nos jeunes savants dans les recherches originales qu'ils entreprennent.

Mes anciens élèves ont formé une réunion amicale, qui, sous le nom d'*Association des anciens élèves de M. Fremy*, s'occupe de placer les jeunes chimistes que nous avons formés. C'est par centaines qu'il faut compter aujourd'hui les chimistes sortis de notre laboratoire et qui ont trouvé des situations importantes dans la science pure ou dans l'industrie.

En parlant de mon enseignement de la chimie expérimentale au Muséum, je suis heureux de rappeler ici le concours si dévoué et bien précieux pour moi, qui m'a été donné par M. Terreil, aide naturaliste, et M. Laugier, préparateur. J'aurais voulu qu'une récompense honorifique fût accordée à M. Terreil qui dirige depuis trente ans les manipulations de mes élèves.

PARIS. — IMP. C. MARPON ET E. FLAMMARION, RUE RACINE, 26.